花木里的福州

福州市文化和旅游局 编

海峡出版发行集团
THE STRAITS PUBLISHING & DISTRIBUTING GROUP
福建人民出版社
FUJIAN PEOPLE'S PUBLISHING HOUSE

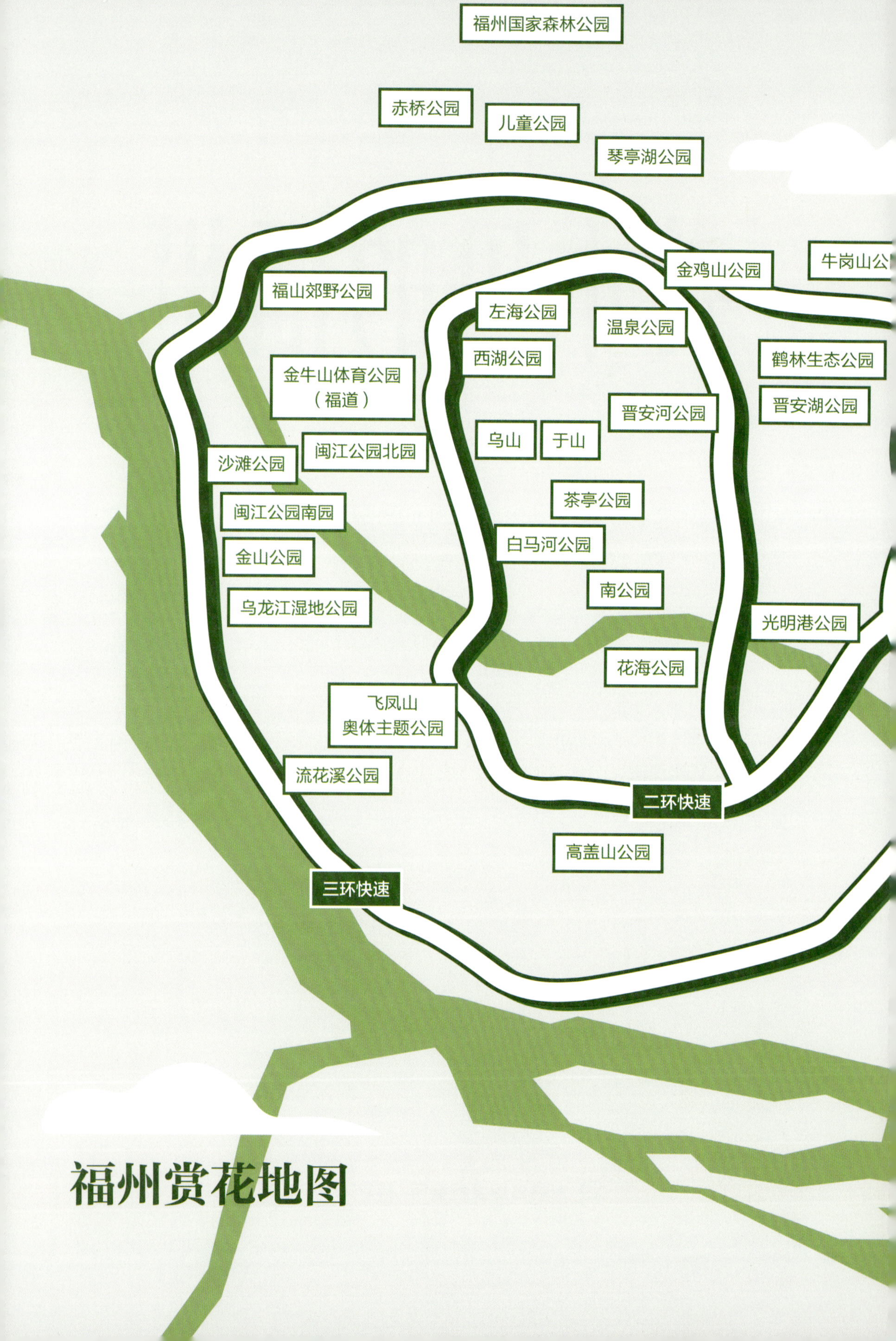
福州国家森林公园
赤桥公园
儿童公园
琴亭湖公园
金鸡山公园
牛岗山公
福山郊野公园
左海公园
温泉公园
西湖公园
鹤林生态公园
金牛山体育公园（福道）
晋安河公园
晋安湖公园
乌山
于山
闽江公园北园
沙滩公园
茶亭公园
闽江公园南园
白马河公园
金山公园
南公园
乌龙江湿地公园
光明港公园
花海公园
飞凤山奥体主题公园
流花溪公园
二环快速
高盖山公园
三环快速

福州赏花地图

春

福州国家森林公园（樱花、桃花、山茶）
琴亭湖公园（杜鹃、山茶、羊蹄甲）
晋安湖公园（羊蹄甲、紫花风铃木）
牛岗山公园（樱花、银叶金合欢）
鹤林生态公园（紫藤）
金鸡山公园（桃花）
鼓岭（流苏）
乌山（樱花、桃花、玉兰）
西湖（桃花、山茶、紫藤、银叶金合欢）
白马河公园（紫藤）
于山（茶花、玉兰、紫藤）
温泉公园（郁金香）
福山郊野公园（桃花、紫藤）
光明港公园（紫藤、黄花风铃木、羊蹄甲）
闽江公园（杜鹃、玉兰、木棉、苦楝树）
流花溪公园（黄花风铃木）
梁厝（油菜花）
花海公园（枫杨、油菜花、台湾相思）
金山公园（樱花、玉兰）
高盖山公园（银叶金合欢、玉兰）
乌龙江湿地公园（郁金香、银叶金合欢）
飞凤山奥体主题公园（樱花、玉兰）
东江滨生态公园（玉兰、月见草）

夏

福州国家森林公园（木油桐）
鼓山（木油桐）
鼓岭（绣球）
儿童公园（紫薇、波斯皂荚）
晋安湖公园（波斯皂荚）
金鸡山公园（木油桐）
金牛山体育公园（木油桐）
西湖公园（荷花、波斯皂荚）
白马河公园（紫薇）
茶亭公园（荷花）
光明港公园（紫薇）
闽江公园（蓝花楹、波斯皂荚、绣球、紫薇、荷花）
飞凤山公园（蓝花楹）
金山公园（荷花、蓝花楹）
花海公园（马鞭草、绣球）
南江滨生态公园（马鞭草）
旗山湖公园（马鞭草）

鼓岭

鼓山

秋

赤桥公园（粉黛乱子草）
鹤林生态公园（粉黛乱子草、桂花）
牛岗山公园（粉黛乱子草、桂花）
晋安河公园（桂花、栾树）
西湖公园（菊花、桂花）
左海公园（粉黛乱子草）
闽江公园（向日葵、栾树）
花海公园（向日葵）
乌龙江湿地公园（向日葵、三角梅）
三江口生态公园（粉黛乱子草、三角梅）
东江滨公园（粉黛乱子草、桂花）
天马山生态公园（向日葵）

东江滨公园

三江口生态公园

南江滨生态公园

天马山生态公园

梁厝

冬

福州国家森林公园（落羽杉、水杉、池杉）
赤桥公园（美国红枫）
鼓山（梅花）
金鸡山公园（梅花）
鹤林生态公园（水杉、乌桕、银杏）
琴亭湖公园（落羽杉）
温泉公园（银杏）
福山郊野公园（鸡爪槭、银杏、红枫）
梅峰山地公园（水杉、池杉）
光明港公园（美丽异木棉）
闽江公园（芦花、美丽异木棉、水杉、落羽杉、池杉）
乌龙江湿地公园（芦花、美丽异木棉、水杉、落羽杉）
三江口生态公园（水杉、落羽杉）
金山公园（水杉、落羽杉）
花海公园（银杏）

目录

SPRING

春

春花浪漫，福州的春天却短暂，所以更应该好好出去踏春、赏花。此时的春天，有百花的点缀，处处都是缤纷色彩。从早春的李花起始，桃花、玉兰、杜鹃、油菜花、羊蹄甲……都跟接力似的，一茬接一茬地开放起来。春花盛放的福州，便也春风十里，一花一景。花期长短都不必介怀，哪怕花落了春仍在，且看一看榕城的自在春光。

李花

科属 蔷薇科李属

花期 2–3月

◎ 冬春之交属于福州的李花季。李花是李树之花，福州市区的李树以紫叶李为主，而福州周边盛产李果的永泰县，李树的品种则多为芙蓉李、胭脂李。李树结的李子是最具代表性的中国传统果物之一。李常与桃一起出现在各种传统意象中，如投桃报李、桃李不言、桃李满天下……也许因为李树更多被视为果树，成片种植的地方未必方便游玩，人们一度较少提及。但李花之美和芬芳，实在不应错过。

▲

乡间的李花开在厝前，如雪覆盖。

乡间农舍 李花绕水

大喜村

沿盘山公路往山林深处走，到了大喜水库豁然开朗。李花临水环绕，让村庄房屋都成了点缀。沿着清澈的溪流漫步，田野里的白鸭、远处的高桥、探出农舍的李树枝条、落入水中的花瓣……这样的景致，正是我们对于乡村的想象。所以，李花次第盛开时，来这里走一走，感受原生态的农耕文化，对乡村的认知会更具象一些。

在李花季去嵩口古镇寻一段不期而遇。

“雪”落古厝旁
李花次第开

嵩口古镇

“李花浅白开自好”，李花季时，嵩口镇上古民居旁一簇簇“白雪”惹人驻足，在飞檐翘角映衬下，格外有田园诗意，让所有的乡愁都有了着落。此时的古镇最有生机，往老街、古渡口走去，一路春花似雪，压满枝头，仿佛置身在柳暗花明的中国画中。作为福州唯一的国家级历史文化名镇，李花为嵩口更添了一个不得不去的理由。

WHERE TO ADMIRE FLOWERS

赏花好去处

嵩口古镇
永泰县嵩口镇区

月洲村
永泰县嵩口镇

大喜村
永泰县嵩口镇

台口村
永泰县葛岭镇

前湖村
永泰县盖洋乡

玉水村
闽清县省璜镇

山茶

科属 山茶科山茶属

花期 1—3月

◎ 山茶原产中国，因叶片似茶而得名。它有漫长花期可供观赏，从寒冬开到早春，吐蕊在红梅之前，凋零于桃李之后，悄然开放，又默默凋落，故有“唯有山茶殊耐久，独能深月占春风”的赞语。在福州，山茶花是游春赏花不会错过的配角。无论是路边绿化带的点缀，还是公园里的园艺造景，都能见其身影。福州的山茶花品种众多，色彩纷繁。不少公园还有专门辟出的山茶花园，“十八学士”、金花茶等珍品都能见到。

山茶处处春犹浅

福州国家森林公园

森林公园有福州最大的山茶花园，盛花期时，近千株的山茶花竞相开放，姹紫嫣红，热闹非凡。华东山茶区、川茶区、滇茶区、金花茶区、红花油茶区和茶梅区六大区域种植着不同品种的山茶，包括有“植物界大熊猫”之称的金花茶。山茶花有红、粉、白、黄、绿诸多颜色，甚至还有近乎紫黑色的深色茶花，可以逛上大半天，是茶花爱好者不可不去之处。

WHERE TO ADMIRE FLOWERS

赏花好去处

福州国家森林公园山茶花园
晋安区新店镇上赤桥

华南女子文理学院旧址
仓山区上三路福建师范大学仓山校区

西湖公园
鼓楼区湖滨路

茶亭公园
台江区广达路

樱花

科属 蔷薇科李属

花期 2–3月

◎ 过了惊蛰，气温回暖，万物生机盎然。奏响福州第一个赏花潮的定是樱花。福建山樱花在福州最为多见，开花早，花期长，形似小铃铛的花朵娇俏可爱，绯红的颜色也格外明艳。樱花开时极其灿烂，满树都是花朵，深绯淡粉，最是浪漫。樱花的盛开期又往往只有一周，在最灿烂时凋零，更是让人深感不可错过。

山谷樱落，春日画卷

福州国家森林公园

进入森林公园，往龙潭一路而上，沿湖绽放的漫山樱花可谓福州人的共同记忆。作为福州传统的踏春之地，森林公园有成片的樱花林。花开时节，远远就能望见盛放的樱花汇成鲜艳的云层，热烈而张扬。玫红色的山樱花艳丽、深红色的牡丹樱花团锦簇，与碧绿的山林交织在一起，共同构成了山谷间的春日画卷。

樱花岛上如梦似幻

鲤鱼洲

春日的岛上，樱花簇拥成团，花瓣飞舞，如梦似幻。特别是朦胧细雨后，漫步樱花岛，看云雾缭绕的湖光山色，更能体会浪漫气息。岛上的樱花品种不少，既有重瓣艳丽的牡丹樱、钟花樱，也有淡粉的阳光樱、吉野樱，还专门设置了打卡拍照点，常能见到穿着汉服拍照的小姐姐们。

鲤鱼洲的樱花环绕全岛，似水际的花边。

▼

红墙古寺花似锦

乌山

乌山的樱花多开在天皇岭和红雨山房片区。作为市区内较早的樱花观赏地之一，乌山的樱花品种不少，经过几年的打造已颇具规模。除了钟花樱，天皇岭上还有多株牡丹樱，同样是重瓣花型，花开如百褶裙，摇曳生姿。近年来还引种了红粉佳人樱，粉嫩花色惹人怜爱。花开时，白如雪，粉似霞，团团锦绣，和山间的红墙古庙最般配，颇有古风。

文昌吕祖宫前的山道上有成排的樱花树。

▼

WHERE TO ADMIRE FLOWERS

赏花好去处

福州国家森林公园
晋安区新店镇上赤桥

牛岗山公园
晋安区晋安体育馆东侧

鼓岭柱里景区、映月湖周边、过仑至鼓山下院公路沿线
晋安区鼓岭旅游度假区

金山公园樱花园
仓山区洪湾中路

飞凤山奥体主题公园樱花谷
仓山区盘屿路

闽江公园北园望龙园
台江区江滨西大道

乌山
鼓楼区乌山历史风貌区

丹樱农场
连江县丹阳镇山边村芳村巷

鲤鱼洲樱花岛
闽侯县沙堤村国宾路 1 号鲤鱼洲国宾馆

龙台山生态园
闽侯县荆溪镇

玉兰

科属 木兰科玉兰属

花期 2—3月

◎ 玉兰是春天的信使，早春三月款款而来，身姿袅袅，立于枝头，风韵独特。玉兰花朵硕大，花开时无叶，满树繁盛的花朵在阳光下散发温润的光泽，高雅而不失朴实。玉兰是中国特有物种，古人把它与海棠、牡丹、桂花并列，称为“玉堂富贵”，传统绘画中多见它的身影，还入过词牌名，即“玉楼春”，是有吉祥寓意的花卉。福州市区常见传统的白玉兰，高达十几米；矮一些的紫玉兰，高度在五米左右；也有不少二乔玉兰，即白玉兰和紫玉兰杂交的品种，花是浅紫色的，花开时风姿卓著。

青山碧秀玉兰春

东江滨公园

早春的江滨，风还有些微寒。漫步在江滨公园，看儿童乐园里孩童玩耍，绕过景观小品，走进玉兰花开的世界，会强烈地感受到春日的生机。此时园里的玉兰悉数开放，粉的、紫的、白的，有冰清玉洁的清澈之感，正是仰拍“福州蓝”的绝佳搭配。

白色玉兰开在高枝头，矮一些的则多是紫玉兰。

▼

WHERE TO ADMIRE FLOWERS

赏花好去处

东江滨公园
马尾区江滨东大道

乌山
鼓楼区乌山历史风貌区

于山
鼓楼区于山风景名胜公园

闽江公园北园
仓山区江滨西大道

金山公园
仓山区洪湾中路

高盖山公园
仓山区首山路

飞凤山奥体主题公园
仓山区盘屿路

福州动物园
晋安区新店镇新园路

油菜花

科属 十字花科芸薹属

花期 2—4月

◎ 经历过冬天的严寒，在乍暖还寒之时，油菜花就绽放了。由南到北，总有乡野里的一片金黄灿烂，展示着春天的到来，带来新生的鼓舞。油菜花是中国第一大食用植物油原料，农人用其榨油或当饲料用。如今油菜花是田园风情的代表，被搬进了城市，让城市人也得以体验“满目金黄香万里，一方春色醉千山”的美景。

油菜花开满乡间

大湖乡

成片的油菜花为大湖乡马墘村勾勒出了春的轮廓。这一整片色彩温柔又浓郁的花朵，铺天盖地地覆盖在田野上，叫人忍不住徜徉其中。油菜花的名字虽土，但用途却多：嫩茎可当蔬菜食用；种子可以榨油，是乡间重要的经济作物；如今金黄的油菜花田又吸引了无数游客，真可谓大地慷慨的馈赠。

压畦春露菜花黄

梁厝

和煦的阳光下，油菜花闪闪发光，金黄翠绿，花香满径。这时候来梁厝，最能感受花田古厝的风情。油菜花在阳光下轻舞，搭配上古厝的飞檐翘角、青石板铺成的小道，与蓝天白云相映成趣。漫步花田，看蜜蜂在花间穿梭采蜜，一派生机扑面而来。

金黄的花海与不远处的茅屋、瓦房组成了一幅恬静美好的春日画卷。

▼

WHERE TO ADMIRE FLOWERS

赏花好去处

梁厝

仓山区梁厝特色历史文化街区

花海公园

仓山区南江滨西大道

文石村

长乐区潭头镇

马墩村

闽侯县大湖乡

埕头村

闽侯县鸿尾乡

辰山村

连江县马鼻镇

桃花

科属 蔷薇科李属

花期 3–4月

◎ 桃花自古以来是中国人踏春的最爱之一。中国是桃树的故乡，《诗经》中便有“桃之夭夭，灼灼其华”的名句。古人曾用“人面桃花相映红”来赞美娇俏的容颜，可见桃花之艳丽和人们对桃花的喜爱。作为早春重要的观花树种，桃花也被用来象征春天的到来。福州的桃花开得早，谢得迟，有漫漫春日供人观赏。公园里多种重瓣的碧桃色彩浓艳，绚烂而热烈。郊外还有单瓣的山桃，开在乡间田头、门前屋后，掩映在绿意春日里，更添意境。

▲

乌山的古民居前种有不少碧桃，盛开时妩媚招展、菲菲如云。

桃花依旧笑春风

乌山

沿天皇岭而上，桃花始盛开时，是一片红艳。牌坊旁的“红雨山房”取自唐代诗人李贺“桃花乱落如红雨”的诗句，可见旧时乌山便种满桃花。这里曾是清代藏书家郭柏苍的藏书楼。他在《红雨山房记》中描写过乌山东麓桃花盛开的场景：“了无杂木，惟桃多且盛，风来片片入几席间”。如今虽多了众多花木之美，但桃花依然年年盛开，值得一去。

春日桃源

福州国家森林公园

福州国家森林公园里藏着一片“桃源”。200 余亩上千株的桃树竞相盛放时，满山坡都是粉色桃花，娇艳欲滴。这里的桃花除了重瓣碧桃，还有单瓣山桃，是市区较少能见到的。在桃花树下，铺上野餐垫，就是一次春日的踏青之旅，约上家人朋友，把酒言欢，共话家常，不亦乐乎。

WHERE TO ADMIRE FLOWERS

赏花好去处

乌山
鼓楼区乌山历史风貌区

西湖公园
鼓楼区湖滨路

福山郊野公园桃花源
鼓楼区保福路保福境 3 号口

金鸡山公园桃花坡
晋安区金鸡山路

福州国家森林公园
晋安区新店镇上赤桥

巫洋村桃园
永泰县葛岭镇

▲
森林公园的桃林有千余株桃花，红粉交错。在春风吹拂下，一枝枝桃花随风舞动，令人沉醉。

流苏树

科属 木樨科流苏树属

花期 3－4月

◎ “花开如云，花谢似雪”，每年四月流苏树盛放时，枝头都是如盖霜雪，它也因此得名“四月雪”。流苏树在中国分布广泛，寿命长，山东就有千年的古流苏树。但福州市区树龄超过百年的流苏树仅有三株，尤以三坊七巷庭院中种植、留存至今的更为珍贵，且依旧年年开花。古老而高大的流苏树盛放时尤其美丽，细碎白花成簇盛开，一层叠着一层，就像挂在树上的雪球和云朵，仿佛有风过境，便能如飘雪、细雨一般洒落心底。

流苏花开在枝头，映衬着马鞍墙，是坊巷春日最美的画。

红砖楼边，马鞍墙头，流苏盛放

衣锦坊

衣锦坊 41 号庭院内有一株百年“流苏王”，开花时许多人都要特地前来隔墙赏花，只为拍摄这“一期一会”的美景。“流苏王”旁的红砖楼是建于民国时的小洋楼。透着历史沧桑的红砖楼与盛开时的流苏树交相辉映，为赏花人带来春日美景。

WHERE TO ADMIRE FLOWERS

赏花好去处

沈葆桢故居
鼓楼区宫巷 26 号

衣锦坊
鼓楼区衣锦坊 41 号

柱里
晋安区鼓岭旅游度假区

杜鹃

科属 杜鹃花科杜鹃花属

花期 3—5月

◎ 四月，正是福州的杜鹃花竞相绽放之时。杜鹃是中国三大自然野生名花之一，也是世界四大高山花卉之一，在全球各地都备受喜爱。在中国，说到杜鹃花，不能不叫人想到杜鹃鸟。相传杜鹃鸟日夜悲啼，直至口中滴血，而被杜鹃啼血染红的花便是杜鹃花，因而有“疑是口中血，滴成枝上花”的诗句。中国人非常熟悉的映山红便属于杜鹃花属，是中国原生种，花开时漫山遍野灿若红霞。杜鹃花属植物种类繁多，过去福州种的多是锦绣杜鹃，花色较为单一，近些年不少公园引入了西洋杜鹃，色彩缤纷，花型复杂，盛开之时可谓春日盛宴。

市区里的杜鹃海洋

琴亭湖公园

走进琴亭湖公园，就宛如进入了杜鹃的海洋。公园门口“福聚山水鹃秀琴亭”的杜鹃主题绿雕小品预示了园中杜鹃的缤纷。各品种各花色的杜鹃，一簇又一簇怒放在水边、树下，曲径通幽处，入目皆是醉人春色。种植着上百种杜鹃的琴亭湖公园集科研、观赏、休闲于一体，不仅可以赏花，从中亦能更多了解杜鹃文化。

▲

琴亭湖公园的杜鹃花色绚丽，除了红、粉、白、黄等颜色，还有稀奇的复色，且花型各异，单瓣重瓣都有。

WHERE TO ADMIRE FLOWERS

赏花好去处

琴亭湖公园
晋安区秀峰路

闽江公园北园
台江区江滨西大道

清凉山公园
仓山区清富村西侧

猫山
闽侯县大湖乡岭头村

黄花风铃木

科属 紫葳科风铃木属

花期 3—4月

◎ 黄花风铃木原产南美，引进中国的时间并不长，但迅速地在福州落地生根。三月末四月初，城中的黄花风铃木纷纷开了起来，不管是路边的行道树，还是河堤边、公园里的装点，盛开的黄花风铃木总是最吸睛的。一朵朵又大又黄的风铃簇拥枝头，让人仿佛进入了童话世界。连落花都变得浪漫异常。

黄花风铃木近年来常被用作行道树，造就了春天里一条条黄花大道。

一路黄花醉人眼

珠宝路

路边的黄花风铃木一绽放，整条路都明艳起来。怒放的金黄色花朵随风摇曳，好似有清脆的铃声纷纷响起。虽然种植时间并不长，但速生的黄花风铃木已能年年开出耀眼的花朵，令人欣喜。不过黄花风铃木的花期很短，只有十来天，因此看花要趁早。

WHERE TO ADMIRE FLOWERS

赏花好去处

胪安路
仓山区胪安路沿线

流花溪公园
仓山区花溪南路

尤溪洲桥下
仓山区尤溪洲大桥桥头站

奥体中心周边
仓山区东岭路

珠宝路
晋安区珠宝路沿线

光明港公园
晋安区远洋路

羊蹄甲

科属 豆科羊蹄甲属

花期 3－4月

◎ 每年四月，羊蹄甲都会成为福州的“网红”。羊蹄甲原产中国，是极具华南特色的植物，很早便被福州作为行道树广泛种植。羊蹄甲挺拔俊秀，花色鲜艳，而且一年开两季，四月最盛，到十一月还有一波。过去福州种植较多的是艳丽的红花羊蹄甲，近些年新种植的则以粉白色的宫粉羊蹄甲为主，还有部分矮生羊蹄甲。不同种类的羊蹄甲接力，点亮了整个四月。福州的大街小巷，都弥漫在一片鲜艳的羊蹄甲花海里。高树上的花飞扬，随风而动，如蝶舞，连成一片，浪漫似童话世界。

古典与新潮碰撞的春光

工业路

春光正好时，工业路上的羊蹄甲便恣意盛开了。马路两侧花树矗立，白里透红，耀眼得像一条丝带，飘过福州城。遇上下雨，更是落英缤纷。若说最佳取景地，当属西禅寺旁。古寺巍峨，身后万象城的霓虹即将点亮，古典与新潮的碰撞在羊蹄甲的见证下瞬间燃起，这是福州春日才有的浪漫。

白墙黛瓦，宫粉紫白

中平路

上下杭的春日是黄花风铃木与羊蹄甲的接力。尤其是羊蹄甲的盛花期，叶似羊蹄，花若蝴蝶，在白墙黛瓦映衬下别有一番诗意。从中平路到支前路，羊蹄甲粉白相间，花团锦簇，更显历史文化街区的独特韵味。随意走进一家咖啡馆，看窗前羊蹄甲摇曳，不时有花瓣飘落，像在等待一场浪漫的相遇。春天就是如此惹人怜爱。

盘山花道，最“拉风”山路

鼓宦公路

四月的鼓宦公路，因为羊蹄甲的绽放，化身为红白相间的盘山花道。蜿蜒的山路、温柔的花树，从鳝溪山门至凤林附近，都被这灿烂的山中春景挤满了。这些环山公路上的羊蹄甲，大多为 20 世纪 90 年代所种，已经是近 30 年的老树，花期相对稳定，每年的四月都是盛花期；远远看去最是美妙，成团成簇，从山脚到山腰，在满山绿意间更是醒目。这条路也因此被誉为福州最“拉风”的山路。

▲

羊蹄甲竞相开放，在路边交织成璀璨花带。

摩天轮下，落花似蝶舞纷飞

茶香路

茶香路的尽头是晋安湖公园里的摩天轮。羊蹄甲盛开时沿着这条绵延 1.4 公里的花道漫步，徜徉粉色花海，你会对摩天轮下的约定有更多浪漫的切身体会。

WHERE TO ADMIRE FLOWERS

赏花好去处

宫粉羊蹄甲

工业路、黎明街、学院前路、钱塘巷、上浦路、福飞路、茶香路、琴亭湖公园

矮生羊蹄甲

工业路、温泉支路、朝阳路、高桥路

红花羊蹄甲

光明港公园、海峡奥体中心

▲茶香路上的羊蹄甲多为粉色，隐现在羊蹄甲花丛中的摩天轮美得如梦如幻。

枳壳花

科属 芸香科柑橘属

花期 3—4月

◎ “橘生淮南则为橘，生于淮北则为枳。”这大概是我们对于枳最初的印象。橘与枳虽然都属于芸香科柑橘属，但其实是两个物种。枳是小乔木，树枝上多刺，常被用作绿篱，花开时点点若雪，盈盈满树，是乡间一景；又因为枳树未成熟的果实干燥后可以入药，名为枳壳，人们于是称之为“枳壳花”。古人便有“村园门巷多相似，处处春风枳壳花”的诗句。

◀ 枳壳花雪白细碎，点缀在乡间屋后，有春日的生机盎然。

春山飘雪，叹为观“枳”

盘岭村

在闽侯廷坪乡盘岭村，枳壳是村民重要的经济来源。这里种植了 1200 余亩枳树，许多树龄在百年以上。每年枳树开花时，似雪飘人间，有缥缈的仙境感，映衬着古厝斑驳的土墙黛瓦，温润而又充满生机。这里近年来成为城里人争相来打卡拍照的景点，当地政府也顺势办起了“枳壳花旅游文化节”。

WHERE TO ADMIRE FLOWERS

赏花好去处

盘岭村
闽侯县廷坪乡

洋头村
闽清县下祝乡

紫藤

科属 豆科紫藤属

花期 3—4月

◎ 对福州人来说，春日太短暂，猝不及防便被炎夏偷袭了。但紫藤很坚持，总会提醒福州人春还在。紫藤开在暮春，花开时从来不是小心翼翼的，而是一场盛大的惊喜。紫藤攀爬在廊架上，如瀑布般倾泻，一串串紫色花穗随风摆动，轻舞翩跹，给福州的春天带来传统之姿、高雅之色。紫藤一直是古典园林的标配，深受文人墨客青睐。但传统的中国紫藤需要低温“春化”才能开得好，因此在福州的养护成本较高。好在近些年福州引种了日本紫藤等新品种。它们能在较为宽泛的气候条件下生长和开花，花量更大，花色也新增了粉色和白色，因而逐渐成为福州春日的新花旦。

盛续春光识紫藤

三牧坊

攀上坊巷门洞的紫藤垂下花枝，一串串深浅相间，如风铃摇曳，轻快地招呼着每一个路过的人。三牧坊在福州一中东街校区旁，这里的紫藤据说与西湖公园里的紫藤同为福州最年长的紫藤。有多少学生时代的美好回忆都有紫藤参与，紫藤仿佛也因此沾染了热情奔放的气息。

▲

紫藤花香沁鼻，宁静而美好。

WHERE TO ADMIRE FLOWERS

赏花好去处

三牧坊
鼓楼区三牧坊天桥

西湖公园
鼓楼区湖滨路

于山
鼓楼区于山风景名胜公园

白马河公园雷锋园
鼓楼区白马北路

福州大学至诚学院
鼓楼区杨桥西路

福山郊野公园
鼓楼区保福路保福镜 3 号口

茶亭公园
台江区广达路

光明港公园
晋安区远洋路

鹤林生态公园
晋安区化工路

樟树

科属

樟科樟属植物

◎ 樟树原产中国，在福州，是少数广泛作为行道树的原生树种，仅次于榕树。樟树能长得很高，树冠广展，枝叶茂密。福州最著名的几条林荫道，比如华林路、乌山路、鼓屏路，行道树便多为樟树，一年四季绿意满满。每年三四月间，樟树的新老叶交替，形成春日里的“秋景”：将要脱落的老叶变成红色，而新叶嫩绿，一树树红黄绿杂糅，颜色十分好看。福州也有不少香樟古树分布在各处。

乌山上不少樟树都有些年头了，除了闽都文化智库旁的古樟，山道小径旁也有。

古建园景

乌山

天皇岭弄的古民居建筑群如今改造得干净清新，老树都被保留了下来，比如闽都文化智库旁的老樟树如今已成了园景，鸟鸣环绕，古树参天，楼榭亭台，是惬意的休憩处。

鼓楼区乌山81阶1号闽都文化智库旁

榕城樟树王

得贵路

得贵路口同寿园里的樟树是福州的樟树王，树高 20 多米，冠幅直径有 30 多米，树干粗壮，枝繁叶茂，气势恢宏。

鼓楼区得贵路同寿园亭子西侧

▲

同寿园的樟树王据说树龄已有 500 余年，是福州的四大树王之一。

相伴古寺

鼓山

涌泉寺的古树名木众多，闽润楠、苏铁、油杉、枫香等都是山林植被，市区少见；除此之外，也有十分高大的樟树，年岁亦高，为自然滋养，气度不凡。

晋安区鼓山涌泉寺后山国师之塔东侧

▲

随着上下杭的改造，路边探出身子的樟树都被做了加固。

婆娑古巷

上下杭

放慢脚步才能体会上下杭的独有风情。老樟树守候在路旁门前，亭亭如盖，树影婆娑，让游人晒不着太阳；花开时节，还会有香气隐隐，叫人心情大好。

台江区下杭路 166 号前

▲

隔水眺望江中的金山寺，就能看见寺旁的古樟树。

江中古寺“状元树”

金山寺

金山寺内有一棵古樟树，又称“状元树”，相传是明万历年间的状元翁正春所植，距今已有 400 多年。古樟树高 20 多米，因造型独特，又被称为“连理树”。

仓山区金山寺内

金山寺

SUMMER

夏

福州的夏天总是悄然降临，猝不及防便是艳阳当头。此时蓝花楹的花苞一夜之间都冒了出来；马鞭草和绣球也不甘示弱，开成了一片花海；紫薇则低调得多，总是开在路边，悄然装点起福州马路的绿化带；最夺目的还属荷花和波斯皂荚，它们才是福州盛夏的标志，无惧骄阳，反而越开越艳。“夏风多暖暖，树木有繁阴”，有这些花树的陪伴，炎夏也不那么难熬了。

蓝花楹

科属 紫葳科蓝花楹属

花期 5–6月

◎ 立夏过后，雷雨增多，万物生长。福州街头不少花树也纷纷展露新颜，蓝花楹是其中姿态最美的。羽状细叶纤细轻盈，枝头的蓝紫色花朵如云般飘过，落满街头。蓝花楹又叫蓝雾树，原产南美，引进国内的时间并不长，福州是较早以蓝花楹为行道树的城市，可以追溯到 20 世纪 50 年代末。因其为速生树种，种下不出几年便能亭亭如盖，叫人赏心悦目。

▲

文儒坊里探出墙头的那一株蓝花楹别有风情，明明来自南美，却跟中国传统古厝巷弄那么相得益彰。

老建筑与蓝花楹的结合让坊巷更显柔美。

▼

小桥庭院，一树一盈盈

文儒坊

如果说四月的古厝是属于流苏花的，那五月的坊巷就是蓝花楹的。这时候从安泰河边一路往文儒坊去，小桥庭院、落花流水，一树一盈盈，如烟似雾的蓝花楹美得如梦似幻，让人宛如坠入了蓝紫色的梦境。

滨水蓝雾一江梦

闽江公园锦江园

闽江公园的初夏，是蓝花楹氤氲的蓝紫色迷雾。在成片蓝花楹的温柔色调里，世界都慢了下来。雨后，纷纷坠落的花瓣，杂糅着青草的气息，散发淡淡的湿热之意，提示着人们福州夏天的到来。

初夏浪漫满山头

仓前山

五月初，从麦园路到对湖路，整座仓前山上都开满了蓝花楹。初夏阳光灿烂，天空蓝得十分清透，衬得花儿也异常明媚。一树树繁花在老仓山西式建筑的映衬下尤为浪漫。偶有阵风起，似小铃铛般的花朵轻轻飘落而下，铺了一地，让人不忍践踏。

WHERE TO ADMIRE FLOWERS

赏花好去处

仓前山
仓山区烟台山历史风貌区

飞凤山奥体主题公园
仓山区盘屿路

金山公园
仓山区洪湾中路

文儒坊
鼓楼区三坊七巷

闽江公园北园
台江区江滨西大道

以及安泰河边、秋龙路、大根路、虎节路、金山路、金祥路、天水路、山北路等沿线

▲一树树蓝花楹氤氲成一大片蓝紫色的迷雾，将大街小巷裹在一片花海中，为初夏画上了一抹温柔的色彩。

绣球

科属 绣球科绣球属

花期 5—6月

◎ 绣球原产中国和日本，最显著的特点是其花瓣有变色能力，往往因土壤酸碱度不同而呈现不同的色彩，因此可以人工干预进行调色。近些年绣球花被广泛用在园艺中，引发观赏热潮。尤其是郊野山谷，满山的绣球花恣意生长，开得灿烂热烈，远远望去仿佛宫崎骏电影里的童话世界。

▲

微雨之时山间起了薄雾，漫步花海，仿佛置身仙境。

绣球花田满山间

鼓岭

六月的鼓岭，梯田式的山谷，百亩绣球开成花海，有种油画感，让人徜徉其中，不舍得离开。土壤的酸碱度差异令绣球花花瓣呈现出不同色彩，而新品种的引进也让景观更为丰富。由粉到蓝，由浅绿到紫红，或含苞待放，或娇艳盛开，都是极其治愈的色彩。

WHERE TO ADMIRE FLOWERS

赏花好去处

鼓岭

晋安区鼓岭旅游度假区长田溪花田

花海公园

仓山区南江滨西大道

良地村

闽侯县廷坪乡

木油桐

科属
大戟科油桐属

花期
5月

◎ 福州的山间，从四月到五月，都有满山白花，花落如飘雪。先是被称作“三年桐”的油桐开花，紧接着便是“千年桐”木油桐的花，都开得盛大又丰硕。其中木油桐花期尤长，整个五月，白皑皑的桐花遍布青翠的山林间，让人想起“桐花万里丹山路”的名句。木油桐是重要的油料植物，其种子可以榨取桐油，用途广泛。近些年，桐花的美也被更多人关注到。“桐花似雪送三春”，趁着赏桐花，再去一次郊野吧，告别春天。

▲

车行高架桥上能看见满山的木油桐白花花一片。

山间“五月雪”

鼓山

初夏时节，鼓山和鼓岭一带的野生木油桐进入盛花期。闽山天景园以及勇敢者登山道沿线是最佳赏花点。行在山间，偶有清风或阵雨，白色的花瓣纷飞似雪，桐花也因此得名“五月雪”。山坡、林间、道路、小径，尽是洁白的花道。“客里不知春去尽，满山风雨落桐花”说的正是这般场景。

▲
木油桐的花瓣为白色，成簇开放，仿佛一束束手捧花缀满枝头。

白色花海里俯瞰城市

福道

从金牛山体育公园的 5 号入口进入福道，往象山的 3 号出口一路而去，犹如走进了一片巨大的花海。悬空栈道将城市置于脚下，也与高大的木油桐树梢大体齐平，可谓角度绝佳。赏花以清晨和傍晚为最好，此时木油桐的花、叶都特别有精神。若是晴天，白色花朵熠熠生辉；若是雨天，则有漫天飞花，更添了些野趣。

WHERE TO ADMIRE FLOWERS

赏花好去处

福道
鼓楼区金牛山体育公园福道 5 号入口

鼓山
晋安区鼓山旅游景区

金鸡山公园
晋安区金鸡山路

森林公园
晋安区新店镇上赤桥

南园村
闽侯县鸿尾乡

石竹山
福清市石竹山风景区

马鞭草

科属 马鞭草科马鞭草属

花期 6—8月

◎ 走过春日的姹紫嫣红，福州的炎夏来得猝不及防。虫鸣鸟啼、夏风轻拂，到处都是一片绿意盎然。其中，率先点缀起城市的是马鞭草。福州广泛用于园艺的马鞭草主要是从南美引入的柳叶马鞭草。它们被用来打造花海、花境，可以从六月一直开到八月。因此福州的整个夏天都能见到马鞭草的紫色花海，浪漫异常。这种紫色小花还带着独有的香气，叫人忍不住靠近些，陶醉其中。

▲
微风拂过，柳叶马鞭草如波浪般起伏，紫色花海美得如梦似幻。

冉冉初夏紫花海

花海公园

初夏时节，花海公园里最热烈的花海便是马鞭草。细长而坚韧的茎秆在风中起伏，小巧的紫色花轻轻摇曳。走入花田中，有淡香来袭，令人沉醉。观赏马鞭草最好的时间是傍晚，夕阳将落未落，隔着江滨，是远山淡影；而近处，紫色花田映衬着城市高楼，光影错落中，星星点点的伞花时隐时现，更添梦幻诗意。

WHERE TO ADMIRE FLOWERS

赏花好去处

花海公园
仓山区南江滨西大道

南江滨生态公园
仓山区南江滨东大道

旗山湖公园
闽侯县明德路

茉莉花

科属　木樨科素馨属

花期　6—8月

◎　盛夏时福州街头常能见到卖花阿姨，买上一小串茉莉花，能让整辆车都弥漫香气，这是福州夏天的味道。茉莉花是福州的市花，福州种植茉莉由来已久。茉莉花有单瓣和重瓣之分，福州主要种植的单瓣茉莉被称为“长乐单瓣茉莉”，香气馥郁。用这种茉莉花以传统窨制工艺制作的茉莉花茶有种独特的“冰糖甜”。茉莉花茶是福州的名产，也是福州的城市名片之一。曾经的福州城，“千家万户遍植茉莉，妇孺白首皆焙香茶”，不少老福州人还有在家里种茉莉花的习惯。如今城中虽不多见成片的茉莉花田，但公园里仍有不少茉莉主题的景观，一到夏天便满城花香。

▲

沿着山体而建的牛岗山公园设置了多重景观带，茉莉花主题园便散落其间。

“海绵公园”里的茉莉花海

牛岗山公园

牛岗山公园设有茉莉花主题园，种植的茉莉花有四五百平方米，错落有致地分布在四周，每到夏天，白色小花簇拥着一起盛放，凑近一闻沁人心脾。作为福州第一个以“海绵城市”为主题的公园，牛岗山公园集山、湖、休闲步道、亲子乐园、体育场馆于一体，是名副其实的“城市绿肺”。巨大的草坪绿地和茉莉香气，都是叫人流连忘返的重要原因。

▲

金鸡山公园览城栈道上的茉莉花台被打造成了全市公园里首个文化生活馆“茉莉花厅”。

茉莉主题城市景观

金鸡山公园

沿览城栈道漫步金鸡山公园，依山而建的公园大自然野趣十足。栈道串联诸多景点，最不可错过的几站便是茉莉花台、茉莉花厅（晋安区文化生活馆）、茉莉花生态廊道等，到处可见茉莉元素。山间更遍植茉莉花，每年开花时节清香扑鼻。山上的大众茶馆亦常备茉莉花茶接待四方游客，让大家能全方位感受“福州味”。

闽江上的“一田茉莉花”

帝封江茉莉花基地

“福州茉莉花与茶文化系统”于 2013 年、2014 年先后获评全国第一批“中国重要农业文化遗产”和“全球重要农业文化遗产”。位于帝封江畔的茉莉花种植基地，是这一农业文化遗产的核心保护区，也是福州市公布的首批茉莉花种植一级保护基地之一。目前基地内有茉莉花种植示范区，花开时节，仿佛再现了福州民谣里的场景：“闽边江口是奴家，君若闲时来吃茶。土墙木扇青瓦屋，门前一田茉莉花。”

波斯皂荚

科属 豆科腊肠树属

花期 6—8月

◎ 八月，波斯皂荚一定是福州市区最耀眼的花树了。波斯皂荚盛开时满树金黄，一串串垂挂的小花像风铃一样挂在树上，随风摇曳，如一树“黄金瀑布”；若有疾风，吹落的花像细雨纷飞，因此它也得名“黄金雨”。波斯皂荚原产热带，引入中国后成了南方常见的观赏树种。波斯皂荚在福州也有近百年的种植历史，最早很可能是由欧洲人带到老仓山的，比如福建师范大学仓山校区吕振万楼旁的波斯皂荚。有趣的是，花期过后波斯皂荚所结荚果成熟后呈褐色，像极了风干的腊肠，因此亦名“腊肠树”。

▲

波斯皂荚的花朵十分艳丽，累累枝头，满树金黄。

WHERE TO ADMIRE FLOWERS

赏花好去处

法海路

鼓楼区法海路沿线

开化寺

鼓楼区湖滨路西湖公园

吕振万楼

仓山区上三路福建师范大学仓山校区

晋安湖公园

晋安区鹤林路

光明港公园

晋安区远洋路

儿童公园

晋安区新园路

闽江公园北园华龙园

台江区江滨西大道

以及首山路、学军路、金山大道等沿线

满城尽是黄金雨

法海路

波斯皂荚花开时是法海路最美的时候，高大的枝丫垂下一串串金色花朵，在风中轻轻晃动，甚是美丽。不时又有簌簌落下的花瓣，似乎难耐酷暑。在法海寺的映衬下，这飘零之美更显惊艳。

荷花

科属 莲科莲属

花期 6—9月

◎ 七月盛夏，福州的荷花如约而至；酷暑难耐，荷花却到了最妖娆时。湖风习习，荷花清香四溢，福州人的闲适生活就此开启。作为中国人最喜爱的传统花卉之一，荷花又叫莲花，是古典园林的标配，其出淤泥而不染的品格备受世人称颂，一直以来都是文人墨客歌咏绘画的题材之一。荷花分为藕莲、花莲和子莲三大品种，在福州各公园里栽种的自然多为观赏性的花莲，品种类型丰富多样，偶尔还能邂逅并蒂莲。

▲

一池出水芙蓉清凉了福州的夏日时光。

池荷摇曳，公园入画

金山公园

木栈道伸向荷塘深处，不用乘船，也能近距离赏荷。这里池栽荷花达两万多平方米，是市区荷花种植面积最大的公园。粉荷娇艳欲滴，素净的白荷则清爽恬淡，摇曳生姿令人好生欢喜。此刻聒噪的蝉音都变得温柔，时间也像放慢了脚步，把一切都凝固。微风拂动涟漪，层层碧浪起伏不定，枝枝莲花展颜争妍，鱼儿嬉戏在荷梗间，而看荷的人便在画中游。

映日荷花别样红

茶亭公园

荷花盛开时节的茶亭公园人潮涌动。穿过长廊，美人靠边有乘凉的依姆，凉亭中有下棋的依伯。他们不经意望向池中，荷花静静地凌于清波之上，或舒展，或含羞，在风中摇曳。茶亭公园的风格为传统的古典式园林，建有水域相连的多个荷塘，面积达 5000 平方米，种植的荷花品种多达 200 种，近年来每年都要举办荷花展，开展相关文化活动。除了荷塘里的“六朝金粉”“大洒锦”等荷花品种，茶亭公园亦有缸莲区、碗莲区、睡莲区等不同分区，都可以放慢脚步，近距离观赏。

WHERE TO ADMIRE FLOWERS

赏花好去处

茶亭公园
台江区广达路

金山公园
仓山区洪湾中路

西湖公园
鼓楼区湖滨路

闽江公园南园荷塘月色
仓山区闽江大道

闽都民俗园
闽侯县甘蔗学院路

林柄村
闽侯县白沙镇

茶亭公园的荷花之美与园林景致相交融，满是东方古典韵味。

紫薇

科属 千屈菜科紫薇属

花期 6—9月

◎ 福州的炎夏骄阳似火，紫薇花却不惧烈日，开得袅袅婷婷。除了在公园中种植，大花紫薇也被广泛用作行道树。它们身姿曼妙挺拔，紫色花簇艳丽，宛若绚烂的云霞经久不退，成了夏日马路上亮丽的风景。紫薇又名“百日红”，整个夏日几乎都是它的花期，第一波花开后，九月的榕城还会迎来它的第二波花期。除了大花紫薇，福州不少地方还成片栽种小叶紫薇，花色更多更添灿烂。

▲

白马南路中央的大花紫薇盛放之时正是福州最热的夏天。

出尘之美，明艳如霞

白马南路

夏日驱车走在白马南路，一眼就能望见大花紫薇开出的繁盛花朵。在阳光的沐浴下，那条紫色花带被照耀得更加艳丽如霞。路边的公园里，则能仔细看花。紫薇花团锦簇，花瓣像蕾丝一样轻盈，如皱褶般翻折弯曲，《广群芳谱》里说它“每微风至，夭娇颤动，舞燕惊鸿，未足为喻”，最是贴切。

WHERE TO ADMIRE FLOWERS

赏花好去处

白马南路
台江区白马南路沿线

闽江公园北园锦江园
台江区江滨西大道

闽江公园南园
仓山区闽江大道

光明港公园
晋安区远洋路

儿童公园
晋安区新园路

白马河公园
鼓楼区白马北路

以及鳌峰路、长乐北路、林浦路、南台路等沿线

苏铁

科属

苏铁科苏铁属

◎ 苏铁是现存最古老的孑遗植物之一。它最早出现在 2.5 亿年前的古生代二叠纪，一度称霸地球的恐龙就曾以苏铁的叶子为食。第四纪冰川时期，苏铁科植物大量灭绝，只在部分地区幸免于难。我国是世界上苏铁植物资源最丰富的国家之一，福建便广泛分布着苏铁，福州也有不少。苏铁喜温暖、湿润、有阳光的环境，生长缓慢，寿命可长达 200 年以上，常被奉为神树，象征吉祥平安。

▲
涌泉寺的苏铁已长成了高大的树。

古寺苏铁，全国之最

涌泉寺

福州现存的古苏铁以鼓山涌泉寺为多。其中方丈室内栽有三株苏铁，一雄二雌。其中两棵雌株相传分别为该寺开山祖师神晏法师和闽王王审知所植，树龄已逾千年，为我国现存最古老的两株苏铁。

晋安区鼓山涌泉寺方丈室

榕树

科属

桑科榕属植物

◎ 外地人到福州，总会感叹此地榕树之多、之繁茂。道路两旁的行道树是榕树，内河两旁护堤的是榕树；有时走在路上，会发现路中间有棵大榕树，车辆都得绕着它开。它们树冠高大，气根柱地如林，须根飘扬似柳，撑起遮天蔽日的绿荫，无怪乎福州被称为榕城，榕树是福州当之无愧的市树。福州市区有榕树 16 万棵以上，约占全市行道树总量的一半以上，大街小巷随处可见白榕、高山榕、大叶榕、橡皮榕……目前福州市树龄上百年的榕树就有 600 多株，上千年的有 6 株。榕树生命力强，能在贫瘠的土地、岩壁、河岸等处落地生根，不惧酷暑和湿热。这些特点非常适应福州的地理环境，也造就了福州人内心笃定的榕树精神。如果说闽江是福州的“母亲河”，那么榕树就是福州的“生命之树”。

▲

森林公园里的“榕树王”一树成林，相传是北宋治平年间福州太守张伯玉在编户植榕时所种，象征着福州的城市精神风貌。

榕树王

树冠遮天蔽日，盖地 1300 多平方米，可纳千人于树下，为福州“十大古榕”之首，故称“榕树王”。

晋安区福州国家森林公园八一水库北岸

寿

小叶榕王

树干围径 14.4 米，据说是迄今为止已知的福建省胸径最大的古榕。相传植于北宋年间，至今已有千余年树龄。

鼓楼区省府路肃威路裴仙宫内

位于裴仙宫内的小叶榕王，号称“榕城第一古榕”。

福州的古榕造型千奇百怪，不少都是“有故事”的树，因而可谓“一树一景点”。

寿岩榕

冠幅直径达 40 多米。相传清道光十六年（1836 年）有人在此大摆筵席为古榕祝寿，并在岩壁刻了字径达 2.22 米的行书“寿”字，故称“寿岩榕”。

鼓楼区于山戚公祠附近

▲
“甲天下”榕在流花溪畔、香积寺旁，风景绝佳。

榕树的气生根扎进水中，划出自己庞大的地盘。▶

“甲天下”榕

古榕老干虬枝，旁逸斜出，树冠如云，树下立着一块“榕树甲天下”的石碑。

仓山区洪湾南路香积寺前

泰山榕

泰山宫前的两棵古榕又名“宋帝榕”。古榕不远处的绍岐码头，相传是南宋端宗皇帝赵昰在福州的登岸处，泰山榕见证了那段宋朝往事。

仓山区林浦泰山庙两侧

林浦村村头的林桥为宋代古桥，桥边有古榕树群，据说最早的一棵种于明朝。

▼

罗星塔旁的塔榕
又名“左公榕”。

▲
华林寺古榕见证了福州城市道路的变迁。

华林寺古榕

原本植在华林寺庭院中，相传为北宋乾德二年（964 年）建华林寺时所植。1986 年道路拓宽时被移至环岛中心。

鼓楼区华林路省政府门口环岛

塔榕

据说是左宗棠在马尾创办船政时所植，是船政文化、马江海战等历史的见证。

马尾区罗星塔公园

▲

古榕与有古老传说的望龙台相得益彰。

望龙台古榕

屹立在望龙台南侧江边，枝干一半伸向闽江水面，一半遮护着寺庙屋顶，树冠浓密如盖，像一把斜插的巨型遮阳伞。

台江区闽江公园望龙园三宝禅寺后

双抛合抱榕

传说古时候有一对相爱的青年男女投河殉情后，两岸长出两株榕树，枝叶在空中相拥相抵。为此，后人将原本的合潮桥改名为双抛桥，还在桥上建亭纪念。

鼓楼区杨桥路双抛桥

爱心榕树

三坊七巷南后街上的一株榕树，因树冠形似爱心，被网友们昵称“爱心树”，现在已经成了三坊七巷的网红地标，游客们都争相来打卡。

鼓楼区三坊七巷南后街上

▲

安泰河边的古榕树冠庞大，荫及河两岸。

龙墙榕

因裸根攀附河岸石壁生长，形成一堵榕根墙，其铁干虬枝宛如蟠龙腾跃，因而被称为“龙墙榕”。朱紫坊一带沿安泰河有好些株古榕树，这里是市区古榕最密集的地方。

鼓楼区朱紫坊安泰河边

荔枝

科属
无患子科荔枝属

◎ 荔枝原产中国，早在唐朝福州就已经开始种植荔枝。据北宋蔡襄的《荔枝谱》记载，当时闽地荔枝以福州为盛，品种繁多。到了明朝，福州的郊区“荔荫十里”。郁达夫在福州的时候写过《西禅啖荔》，也大赞福州荔枝。直到今天，城中依然有不少荔枝古树。

▲
西禅寺报恩塔前宋朝栽下的荔枝树，树干已经空了，仅靠残余皮层而生，但仍然枝繁叶茂。

宋荔依旧

西禅寺

“荔树风光占全夏，荷花颜色未留春”说的就是西禅寺，寺内所产的荔枝久负盛名。相传西禅寺的法堂前后四株荔枝是唐代慧稜禅师亲手栽种的，另外两株是北宋时所植。唐荔名为“天洗碗”，被视为西禅寺一宝，宋荔也依旧年年挂果。

鼓楼区西禅寺内报恩塔南侧

百年荔枝，核小如牙

二梅书屋

三坊七巷的二梅书屋花厅庭院小天井旁有棵树龄超百年的荔枝树，所结果实核小如牙，被称作“焦核荔枝”。二梅书屋是清代道光年间进士林星章的旧居，如今成了福建民俗博物馆。

鼓楼区塔巷 26 号二梅书屋内

▲
重修后的双骖园重现古树与园林之美。

双骖园中荔

乌山

乌山西麓的双骖园“以山与荔枝胜”，故亦名“荔枝园”，园子昔日的主人是清末著名藏书家龚易图。他对园林情有独钟，在福州城内营造了四处园林。双骖园旧貌虽已不存，但百年前种下的荔枝树如今还留有七株，夏季结出红彤彤的果实，格外诱人。

鼓楼区乌山历史风貌区双骖园景区内

AUTUMN

秋

都说福州没有秋天，因为夏天太长了，秋老虎要来好几轮，阵雨来了又去，福州的秋凉才算入了定。这时候秋天的花开了，提醒人们享受这个短暂的季节。三角梅最持久也最盛大，环城的绿化带里尽是它们的身影，叫人无法忽视；桂花、菊花也是与福州相伴多年的“老友”了，要见它们开花了才安心；粉黛乱子草、向日葵则是新晋的“季节限定”，惹得人们纷纷打卡。

粉黛乱子草

科属
禾本科乱子草属

花期
9—11月

◎ 秋风渐长，十月的福州褪去暑热，阳光变得和煦了些。这时候，各个公园里的粉黛乱子草接力般地画起了水彩画：好天气时，它们散发晚霞般的光芒；阴雨天，则更显出水红色的沉稳气韵，都邀你成为画中人。原产北美的粉黛乱子草是著名的观赏草之一，十年前开始引种福州，近些年来被广泛用在公园绿地里作为景观提升工程的一部分。

▲

成片的粉黛乱子草开花时如烟似雾，有一种朦胧的美。

WHERE TO ADMIRE FLOWERS

赏花好去处

牛岗山公园

晋安区晋安体育馆东侧

赤桥公园

晋安区赤桥路

东江滨公园

马尾区江滨东大道

三江口生态公园

仓山区南江滨东大道

左海公园

鼓楼区铜盘路

粉黛弄妆轻袅袅

牛岗山公园

牛岗山公园种植的粉黛乱子草有上千平方米，花开最盛时，目之所及，皆是粉色，置身其中，就像梦游仙境的爱丽丝。公园还特地设置了平台和花道，让景观更有层次，也方便大家“打卡”。

桂花

科属

木樨科木樨属

花期

四季桂全年花期，其他9—10月

◎ 秋风起，桂花香。十月出头，福州城内的桂花便纷纷开了起来。丹桂橘红、金桂橙黄、银桂色白，还有花开常在的四季桂，一簇簇小花缀满枝头，一时间满城都是桂花香。桂花是中国传统十大名花之一，自古就深受中国人的喜爱，常与秋月一同入诗、入画，也是城市中最常见的传统花树之一。

金桂的颜色金黄，花朵小，是桂花之中香气浓郁的类型。

WHERE TO ADMIRE FLOWERS

赏花好去处

西湖公园
鼓楼区湖滨路

鹤林生态公园
晋安区化工路

晋安河公园
晋安区福马路

金鸡山公园
晋安区金鸡山路

鼓山
晋安区鼓山旅游景区

光明港公园
晋安区远洋路

茶亭公园
台江区广达路

东江滨公园
马尾区江滨东大道

自是花中第一流

鹤林生态公园

秋天走在公园里，一路上都能闻到时淡时浓的桂花香，花香入风，沁人心脾，连空气也是甜蜜的。特别是漫步景观道上，突然看见悄然探出头的金色桂花，在阳光下特别耀眼，那花香便更近了些。此刻，才深感李清照“暗淡轻黄体性柔，情疏迹远只香留。何须浅碧深红色，自是花中第一流”对桂花的赞颂不虚。

向日葵

科属 菊科向日葵属

花期 10—11月

◎ 都说福州是一座没有秋天的城市，但每年十月，去看金色的向日葵花海，仿佛已经成了福州人与秋天的约定。向日葵是世界五大油料作物之一，中国的向日葵主要分布在北方，福州种植向日葵的时间并不长。近些年城市中能看到的向日葵花海多是观赏品种的大花向日葵和抗倒伏能力强的矮种向日葵，最佳观赏期通常在国庆期间。尽数开放的向日葵，迎着光，金光闪闪，是节日的重要美景；尤其是夕阳下的向日葵花海，目之所及，皆是温暖与安宁。

高低错落的向日葵，绚烂的花朵与翠绿的叶子交织，迎着微风轻轻摇曳。

葵花万亩向阳开

花海公园

作为福州市区最大的向日葵花海，花海公园的向日葵一度种植到了 72000 平方米的面积，相当于 10 个足球场、171 个篮球场，盛放之时，美得惊心动魄。偶有微风轻拂，会漾起层层金色的花浪。更有诸多“打卡”点散落花海，可以深入其中观赏向日葵之美。在蓝天白云的映衬之下，向日葵金色的圆盘迎风招展，朝气蓬勃，与远处的高楼形成鲜明对比，令人忍不住赞美这纯粹而浓烈的炙热，感叹生命的熠熠生辉。

WHERE TO ADMIRE FLOWERS

赏花好去处

花海公园
仓山区南江滨西大道

乌龙江湿地公园
仓山区乌龙江畔

闽江公园南园
仓山区闽江大道

天马山生态公园
马尾区登龙路

菊花

科属 菊科菊属

花期 春菊 5–6 月，秋菊 10–11 月

◎ “秋来谁为韶华主，总领群芳是菊花。”作为“花中四君子”的菊花原产中国，有“花中隐士”的雅称，自古就是不与世俗同流合污的象征，深受人们的喜爱。秋天是属于菊花的，福州也不例外。福州人自古就种菊、赏菊，晚唐诗人杜荀鹤在福州留有“雨匀紫菊丛丛色，风弄红蕉叶叶声”的名句。民国年间，福州四大园林之一的“半野轩”秋来便开门迎客赏菊，更培育菊花，带动着福州民间的菊花风尚。如今西湖公园在园内打造了新的“半野轩”，用一年一度的西湖菊展，勾连起半野轩花事的传统。金秋到西湖赏菊，已是福州人每年秋季的“保留节目”，一家人同游，不亦乐乎。

满园花菊郁金黄

西湖公园

十一月烂漫绽放的菊花，是西湖公园秋天最美的颜色。万盆菊花同时展出，沿着柳堤而行到猴山，菊浪千层，乳黄、雪白、深紫、墨绿……美不胜收，其中不少品种是西湖公园自己培育的。找个好日头，泛舟西湖，看菊花的千姿百态，是福州人秋日里最浪漫的事了。

▲

西湖公园的金秋菊展从 1958 年开始，一度中断后于 1975 年恢复，之后年年举办，是福州人的盛事。

WHERE TO ADMIRE FLOWERS

赏花好去处

西湖公园
鼓楼区湖滨路

茶亭公园
台江区广达路

油杉

科属
松科油杉属

◎ 油杉是我国特有的、古老的孑遗树种，树形优美、材性优良，寿命可达上千年。油杉是国家二级濒危物种。福建曾有较大面积的油杉林分布，但由于人为干扰，破坏严重，目前仅存的成片油杉林多在寺庙附近和风景区。古人视油杉树为祥物，因此多作为风水树种在寺庙、祠堂等宗教与祭祀场所四周。

▲

被誉为闽刹之冠的涌泉寺有千年历史，被油杉、枫香等古树环抱着。

风水古树，跨越千年

涌泉寺

福州涌泉寺的油杉林已实行封禁保护。它们虽跨越千年，却依然风姿绰约，生机盎然，是研究宗教文化、民俗文化等的重要见证。

晋安区鼓山涌泉寺内

树神油杉王

芹草村

永泰芹草村的油杉王，是中国绿化委员会和中国林学会开展的“中国最美古树”评选中选出来的唯一一棵油杉，它的树龄据说有 1500 年了，树高 25.8 米，冠幅巨大，遮天蔽日，树皮呈鳞片状，身上长满苔藓，古意盎然。芹草村的古油杉旁有座庙，名为“芹草宫”，其中有一尊神像，据说就是这棵古油杉的化身。

最美古树群中王

扶山村

闽清扶山村的油杉古树群，是福建省公布的第三批“最美古树群”之一。这片古树林的面积多达 23 亩，有油杉、枫香树、苦槠等30株古树，古树参天，周围溪水蜿蜒。其中的油杉胸径达 1.5 米，被尊为“树王”，当地还有树神自称“杜先生”（杜松）在梦中给人治病的传说。油杉在福建多有分布，但成片森林极少，因而扶山村的油杉古树群十分难得。

三角梅

科属

紫茉莉科叶子花属

花期

全年，9–10月最盛

◎ 福州的三角梅一年开到头，花期足有三季，但花开得最盛时，还属夏末秋初。九月底暑气还未褪去，温度尚高，降雨又少，空气里开始有凉意，三角梅便哗啦啦地开放起来。原产自巴西的三角梅自从来到福州就格外适合这里的气候条件，入驻各大高架桥和人行天桥花箱已经有十多年的时间了，不知不觉成了福州城市画卷不可缺少的色彩。早些年以紫花三角梅为主，近些年增植了红花、橙花、粉花等不同色彩的三角梅，形成花带和花廊，让整个福州都在绵延不绝的浪漫花潮里。

▲

铁道口的彩虹瀑布。

彩虹瀑布

金鸡山隧道口

不同于城里普遍的玫红色三角梅，金鸡山隧道口的铁道旁种植有粉、白、橙等多色新品种，让见惯了三角梅的福州人也能被刷新认知，狠狠地惊艳一把。其实这些多彩的三角梅并不是花，只有三角中心的一点白才是，所以三角梅盛大的绽放，更是一场花叶的狂欢。

花球成树，热烈玫红

冶山春秋园

夏末秋初的福州，三角梅开得热烈。玫红色的当属第一，从大街小巷开到楼顶，从路边开到公园。冶山春秋园当然也少不了它的身影，既有剃个整齐的花瀑布当作篱笆的，也有修成花球的，点缀着福州的秋日时光。

玫红色的三角梅是福州最多见的。

▼

▲

三角梅繁花似锦，不止高架桥，在人行天桥上也开得如火如荼。

一路生花烈如火

高架桥

高架桥上的三角梅，是福州的一张城市名片。红紫色花朵开成花带时，整条车道都像是绵延无尽的花廊，高大坚固的高架桥都变得柔和起来。高架桥上的三角梅主要是紫花和红花两个品种，又以紫花为主，但也许一个拐弯，你就能与红花路段不期而遇。

WHERE TO ADMIRE FLOWERS

赏花好去处

尤溪洲大桥、琴亭高架桥、三环等全城高架桥上

WINTER

冬

地处亚热带的福州冬天少见雪，许多树木四季常青，色彩要比北国明快得多：银杏落下的黄、枫叶染上的红、芦花飘摇的白，共同渲染着福州的冬天；而无论是新晋行道树美丽异木棉，还是传统的梅花，也都开得明艳热烈——让人不由得感叹，这里果然是南方。

芦花

科属 禾本科芦苇属

花期 10—12月

◎ “蒹葭苍苍，白露为霜”，所谓蒹葭，指的是荻和芦苇。芦苇与江河湖泽为伴，福州有大江大河，冬日总能见芦花。在烟水茫茫的湿地蔚然成势。芦苇四季可赏：春夏生机盎然，如碧波翻滚；秋冬纷飞飘絮，温情脉脉；岁末之时江岸萧索，但芦花摇曳在夕阳中，便有金光辉映，显出福州这一江海交汇处城市的别样风情，是不可错过的冬日一景。

江滨的芦苇花开时白茫茫一片，为不下雪的福州添了些烂漫的秋冬之美。

江岸边的金色“浪花”

乌龙江湿地公园

秋冬时，成片的芦苇在乌龙江湿地公园的滩涂、河岸，甚至道路边随处可见。芦花开时绵延不绝，似是要一路伸向江里头去。落日余晖时尤其美，光影在芦花上跌跌撞撞，高低起伏的芦苇荡梦幻得仿佛电影里的场景。对岸浮现点点灯火，隔着一江水，芦花也开始纷飞，仿佛雪花飘落，一年也快到了尽头。

WHERE TO ADMIRE FLOWERS

赏花好去处

乌龙江湿地公园
仓山区乌龙江畔

花海公园
仓山区南江滨西大道

闽江公园南园
仓山区闽江大道

美丽异木棉

科属
锦葵科吉贝属

花期
10—12月

◎ 美丽异木棉又叫“美人树”，从深秋开到冬天，是福州秋冬里的一抹亮色。姿态挺拔的美丽异木棉往往有十多米高，不仅能成就一条“花街”，也可以一枝独秀，装点城市，而且花期特长，足有三个月。在过去十几年里，这个原产南美的树种在福州落地生根，成为行道树。花期时，条条大路都有它们的身影，玫红、粉色很是亮眼。此外不少公园里还种有开白花的美丽异木棉，最热闹时，江畔繁花似锦。

美丽异木棉的花期一到，马路两旁就开成了粉色花带。

美人花姣欲有言

福飞北路

十一月的福州微微有些凉意，美丽异木棉迎来它的盛大花期。福飞北路近五百株美丽异木棉开得格外恣意，朵朵舒张如伞，花团锦簇，流霞散绮。只是美丽异木棉树干上有不少圆锥形的皮刺，加上花树通常较高，不易亲近。好在这美丽的花朵远观就好，路过时便能感受福州秋冬的明媚。

◀ 行车在桥上，便能看到花开满树的美丽异木棉。

桥上倚栏看繁花

滨江和谐园

滨江和谐园的美丽异木棉高大如伞，盛放时粉色花满树，站在桥上，几乎触手可及。这是非常难得的机会，能够近距离看到美丽异木棉的花。美丽异木棉花朵较大，有五片花瓣，如灵动飞舞的粉蝶，且往往成簇，极尽繁盛。倚靠在白色栏杆上，远眺闽江，任由美丽异木棉点亮身后初冬的城市，那景致何等开阔而美好。

WHERE TO ADMIRE FLOWERS

赏花好去处

乌龙江湿地公园

仓山区乌龙江畔

光明港公园

晋安区远洋路

以及浦上大道、福飞北路、远洋路、长乐北路、鹤林路、国货东路、南江滨东大道、南三环、洞田路、坂中路等沿线

梅花

科属 蔷薇科李属

花期 1—2月

◎ “梅须逊雪三分白，雪却输梅一段香。”福州的冬天很少下雪，梅花却开得热烈。原产中国的梅花，是中国传统十大名花之一，与兰竹菊并列为“四君子”，也与松、竹并称“岁寒三友”，有“凌寒独自开”的高洁。福州的梅花分为花梅和果梅，城里人观赏的多为花梅，果梅则重栽培收果，即乡间常见的青梅，梅香如故。梅果俗称梅子，主要用来做蜜饯，以及梅子酒、梅子汁等。

▲

每至岁末，福州人便心心念念林阳寺的梅花开了吗?

古寺冬梅，红似落霞，白似雪花

林阳寺

春节前后，正是林阳寺梅花盛放之际。山寺与碧水的静默间，粉红、白色和朱砂色的梅花渐次缀满枝头，在千年古刹映衬下格外有意境，树下总是站满了前来赏花的人们。寺里有五百多株梅树，最出名的当数梅园内一红一白两株古梅树，红似落霞，白似雪花，风过流香，沁人心脾。

▲

梅花探身溪涧，是山水之间的点睛一笔。

山间梅林，梅花海洋

梅洋村

冬去春来，藏在山间的梅洋村在万株梅林的装点下，总能吸引不少前来赏梅的人。梅溪蜿蜒，溪畔梅林、村落与远山黛影相映成趣，仿佛古典画作中的山水活了过来。这是城市中难得一见的景象，尤其是不同品种的梅花竞相开放，白的红的粉的，各色缤纷，令漫步其间的人们也多了些闲情逸致，得以静心体会乡野风情。

▲

梅里的梅花有诸多品种，从粉红到玫红，渐次绽放，让花海也有了层次。

三千梅树竞相开

鼓山梅里

走过涌泉寺，漫步梅里山头，三千多株梅树竞相开放，抬头是满树繁花，低头看花瓣飘落，空气中有淡淡的梅花香，令人心醉。相怀梅园里的梅以粉红的宫粉梅最多，还有朱砂梅、绿萼梅、垂枝梅等品种。“吸江兰若”下方的“岩梅古台”也是标志性景点，古梅树与清代石刻相映成趣。

漫山遍野花似雪

永泰葛岭

早春的葛岭，青梅花的绽放总在一夜之间，如同飘雪，覆盖了整个山村。车行高速路上，便能将漫山遍野的梅花尽收眼底。走在乡间梅林间，小桥流水在旁，白墙黛瓦炊烟袅袅，既是人间烟火，也如世外桃源。永泰是福建青梅主产区，葛岭遍植梅树，这个季节无需刻意寻觅，哪怕只是兜风漫游，在山间路上，也往往会有梅花扑面而来的惊喜。

葛岭的青梅花多为白色，清丽淡雅，如雪覆盖，把乡间变作了一幅水墨画。

WHERE TO ADMIRE FLOWERS

赏花好去处

林阳寺
晋安区寿山乡石牌村

鼓山梅里
晋安区鼓山旅游景区

金鸡山公园
晋安区金鸡山路

儿童公园
晋安区新园路

永泰葛岭
溪洋村、大坑里、文埕湾

古响梅花林
闽侯县荆溪镇关中村

雪峰寺
闽侯县大湖乡雪峰村

闽江河口国家湿地公园
长乐区潭头镇

梅洋村
连江县江南镇

太原村李湾
永泰县城峰镇

水杉

科属　柏科水杉属植物

红叶期　12月-次年1月

◎　水杉长得跟落羽杉很像，叶子像羽毛一样。但与落羽杉不同的是，水杉原产自中国，是珍贵、稀有的孑遗植物树种，一度被认为早已灭绝，直到在中国发现它的踪迹。在福州，水杉常与落羽杉混种，多种在水边公园。水杉是落叶乔木，秋冬季时一树树苍黄、绯红、碧绿交织，倒映在水面上，好似一幅油画。

▲

走在福道上，高大的水杉触手可及。

福道旁的冬日之火

梅峰山地公园

梅峰山地公园的归水潭边，水杉沿潭水一路夹道而立，冬日寒意渐起时，水杉叶转为金黄、火红，如火光点亮萧瑟，形成一条独特的景观通道。而最好的观赏方式是漫步于福道之上，与水杉近距离接触，感受这浪漫如诗的榕城冬日。

落羽杉

科属

柏科落羽杉属

红叶期

12月-次年1月

◎ 落羽杉同样是古老的孑遗植物树种，但与水杉在形态和生态特征上有不少区别。落羽杉原产北美，耐低温也耐涝，甚至能直接种植于水中，形成“水中森林”。福州多内河，近些年临水的公园里多会栽种落羽杉。落羽杉有着“四季美人”的雅号，春夏绿意青葱，秋日转黄，到了冬季更是红艳，能为公园增添暖意。此外也常见同科的水杉和池杉，多是相伴而植，高耸入云，既静谧安详，又肃穆端庄。

◀

落羽杉临水而立，叶子由绿转黄后，有了如油画一般的色泽。

福州秋冬的焦糖色外衣

闽江公园南园

滨江的落羽杉林换上焦糖色的外衣，或深或浅，羽状杉叶飘逸又坚韧，在风中起伏如浪，恣意荡漾，落下时一层又一层地铺在地上，好似红地毯。这时候最适合结伴而行，徜徉湖岸栈道，看身旁挺拔的落羽杉倒映在碧水蓝天里；又仿佛能开启一扇“任意门”，瞬移到北国的森林间，走进一幅冬日油画。

变色后的落羽杉叶在秋冬的阳光下更显温暖。

▼

▲

森林公园湖畔的落羽杉在冬日全线泛红，颇有气势。

湖光“杉”色好时节

福州国家森林公园

隆冬时节，森林公园里的落羽杉到了最美的时候。这里的落羽杉环绕在湖畔，笔直的树干高耸入云，静谧安详之外，也多了几分肃穆庄严之感，为寒冷的冬天带来暖意。落羽杉耐低温，也不惧水淹，铁锈色的“红装”能持续一个月之久，如同燃烧的火焰，在冬日暖阳的照射下，更显其壮美。

WHERE TO ADMIRE TREES

观赏好去处

白马河公园
鼓楼区白马北路

福州国家森林公园
晋安区新店镇上赤桥

琴亭湖公园
晋安区新店镇秀峰路

晋安湖公园
晋安区鹤林路

三江口生态公园
仓山区南江滨东大道

入冬后，颜色变幻的落羽杉成了湖光山色的分界线。

银杏

科属
银杏科银杏属

黄叶期
12月－次年1月

◎ 深秋，银杏开始沾染黄晕，一片片飘落，在山林里、乡村间，在城市的角落。作为远古的孑遗植物，在经历过冰川运动后，银杏只在中国留存下来。它也是银杏纲植物在现代残存的、唯一的种，被称作“世界第一活化石”，代表了中国植物的诸多世界之最，是当之无愧的国树。中国国家植物标本馆的馆徽就是银杏。

▲

石厝教堂并不对外开放，却因此让秋日的银杏景观更为静美。

百年教堂披上黄衣

石厝教堂

“落叶满阶，惟有高树”，每到年底，古老而静谧的石厝教堂前，百年银杏的落叶随风飘落，很快就铺满了教堂前的石阶、庭院。这银杏树就和烟台山的老建筑一样，走过了岁月的沧桑，每一片落叶都载着故事。

古村厝旁银杏林

珠峰村

每年十二月前后是去珠峰村赏银杏的好时候，许多人会专程从城里驱车而来，在银杏树下泡茶、露营，享受这“季节限定”的浪漫。位于永泰盖洋的珠峰村拥有五十多棵古银杏组成的银杏林，最早始于明朝永乐年间，为迁居此地的谢氏先祖栽种，迄今已有几百年历史。这也是福州市发现的最大的古银杏树群。这些银杏树错落于村道、溪涧，与古厝相伴，挺拔舒展，有种生生不息的力量。

WHERE TO ADMIRE TREES

观赏好去处

西湖公园
鼓楼区湖滨路

温泉公园
鼓楼区温泉公园路

石厝教堂
仓山区乐群路 22 号

花海公园
仓山区南江滨西大道

珠峰村
永泰县盖洋乡

银杏王公园
连江县马鼻镇半田下村

銀杏之鄉

枫

科属

槭：无患子科槭属

枫香：蕈树科枫香树属

花期

红叶期：12月－次年1月

◎ 万山红遍，层林尽染，以往都是用来描绘北国之秋的。但近些年，福州也开始引种红枫、鸡爪槭等冬日里的红叶树，那样的场景便不再遥不可及了。过去福州的枫树多指枫香树，通常长在郊外山林，较为高大；如今作为景观植物种植的枫树，则是指红枫和鸡爪槭，它们是槭属植物。红枫常年都是红色或者紫红色，而鸡爪槭入秋后转为鲜红色，绚烂夺目。乡间的枫香树则会缓慢变色，由青变黄，由黄转橙，由橙入红，色彩悄悄染上枝头，指引着冬日的到来。

▲

北峰的快乐园中种有成片的红枫，一年里红的时间最长。

踏寻冬日枫叶小径

鹅鼻村快乐园

藏在宦溪山中的“快乐园”，是专门打造的赏枫好去处。这里除了有原生的高大枫香树，还有人工种植的红枫林。在季节的流光碎影里，它们红得富有层次，有阳光照射下轻盈的绯红，有沉稳的绛红，间或有焦黄，都晕染着山中大地，美不胜收。

枫林渐染山河路

九峰村

山间的秋意来得快，天一凉，往九峰村中去，便满眼尽是斑斓景致。古老的枫香率先由黄至赤，色彩渐变；而后是鸡爪槭与红枫染红枝头，弥漫出无边的绚丽。此时走在村里，感受微风拂面，闻水声汩汩，看枫林渐染，让人对山林生活生出更多想象。

层林渐染别样红

福山郊野公园红叶谷

十二月的福山郊野公园，红叶谷里两千多株枫叶染红了林梢，是市区里最先转红的一片枫林，也红得最艳。漫山的红叶如缎带连接起郁郁葱葱的山林，和银杏、乌桕等一道，令山谷多姿了起来。这时候，枫树密集处，会被踩出一条枫叶小道，阳光下踏行其中，只听得簌簌声响，这正是大自然给予的温存片刻。

WHERE TO ADMIRE TREES

观赏好去处

福山郊野公园红叶谷
鼓楼区保福路保福境 3 号口

鹅鼻村快乐园
晋安区宦溪镇鹅鼻村

赤桥公园
晋安区赤桥路

鼓岭
晋安区鼓岭旅游度假区

九峰村
晋安区寿山乡

大化山
福清市镜洋镇大化山风景区

▲郊野公园的鸡爪槭从深秋开始染色，一直到隆冬，日渐变红。

策划 /《homeland 家园》杂志

撰稿 / 潘逸群 陈佯佳 许灵怡

摄影 / 陈铤宇 潘逸群 戴维璐 姜克红 林萍 余燕芳 曾晓华 王立强 原浩 杨婀娜 陈捷阳 陈鹤 陈奇 林双伟 陈暖 倪榕生 王敏烽 杨勇 罗南军 黄访纹 林学辉 石磊磊 包华 冯少武 石美祥 邹家骅 池远 郑帅 俞松 林舒颖 叶义斌 雷岩平 陈鑫贤 杨晓清 黄姗姗 米汉堡 行走边缘_在路上 萌萌的花面 @林一一（拍照版）言寺寺 柳笛悠杨（部分图片由晋安区委宣传部、福州市林业局绿化办、永泰县盖洋乡、云水涧民宿提供）

装帧设计 / 戴维璐 林增颖 Ahuo

插画 / 戴维璐

图书在版编目（CIP）数据

花木里的福州 / 福州市文化和旅游局编. -- 福州 : 福建人民出版社, 2025. 3. -- ISBN 978-7-211-09641-1

Ⅰ. Q948.525.71

中国国家版本馆CIP数据核字第2025NG7617号

花木里的福州

HUAMU LI DE FUZHOU

编　　者：福州市文化和旅游局

责任编辑：陶　璐

美术编辑：白　玫

责任校对：林乔楠

出版发行：福建人民出版社　　电　　话：0591-87604366（发行部）

网　　址：http://www.fjpph.com　　电子邮箱：fjpph7211@126.com

地　　址：福州市东水路 76 号　　邮　　编：350001

印　　刷：福州报业鸿升印刷有限责任公司　　电　　话：0591-38720782

地　　址：福州市仓山区建新北路 151 号

开　　本：787 毫米 × 1092 毫米　1/16

印　　张：9.25

字　　数：116 千字

版　　次：2025 年 3 月第 1 版

印　　次：2025 年 3 月第 1 次印刷

书　　号：ISBN 978-7-211-09641-1

定　　价：68.00 元
